岭南建筑经典丛书

客家民居

【平远卷】

中共梅州市委宣传部 编

·广州·

图书在版编目（CIP）数据

客家民居．平远卷／中共梅州市委宣传部编．—广州：华南理工大学出版社，2012．5

（岭南建筑经典丛书）

ISBN 978-7-5623-3589-4

Ⅰ．①客…　Ⅱ．①中…　Ⅲ．①客家-民居-平远-图集　Ⅳ．①TU241.5-64

中国版本图书馆CIP数据核字（2011）第273494号

客家民居·平远卷

中共梅州市委宣传部　编

出 版 人：韩中伟

总 发 行：华南理工大学出版社（广州五山华南理工大学17号楼，邮编510640）

营销电话：020-87113487　87110964　87111048（传真）

E-mail: scutc13@scut.edu.cn　　http: //www.scutpress.com.cn

策划编辑：赖淑华　潘宜玲

责任编辑：周　玲　何丽云

印 刷 者：广州嘉正印刷包装有限公司

开　　本：787 mm × 1092 mm　1/16　**印张**：9.25　**字数**：163千

版　　次：2012年5月第1版　2012年5月第1次印刷

印　　数：1~2500册

定　　价：50.00元

岭南建筑经典丛书编委会

《客家民居》编委会

《客家民居·平远卷》编辑委员会

总序

岭南文化是中华民族文化中最具特色和活力的地域文化之一。岭南建筑是浸润着岭南文化且具有鲜明特色的建筑流派，是华夏建筑的一颗璀璨的明珠。

岭南位于我国五岭之南，地处南海之滨。这里气候炎热多雨，四季常青。它是海上丝绸之路的发祥地，又是与海外文化交流的前沿地。岭南独特的地理、气候和自然环境，以及多元文化交融的社会人文特征，使岭南地区形成务实、交融和创新的文化特征。岭南建筑也逐渐形成了与自然融合、与环境适应、与不同文化交融、务实与创新的建筑理念和轻巧、通透、明快、多元的建筑风格。

为了弘扬岭南文化，珍存和记录岭南建筑的演绎，我们精心编纂了这一《岭南建筑经典丛书》，以展示岭南建筑厚重的历史、丰富的内涵以及深远的文化源流，并通过图文并茂的方式，展现其精湛、灵动的艺术风格，做到雅俗共赏，以拥有更广泛的读者。相信读者阅后，不仅仅可深刻体会到，建筑是耸立在大地之上的具象的历史，更能直接体验遍及南方令人目不暇接的风格各异的各类建筑，从而倍加热爱我们民族的文化，激起更强的民族自豪感。

本套丛书包括如下系列：岭南园林系列，岭南古村落系列，岭南祠堂、书院、学宫系列，岭南民居系列，岭南精品建筑系列等。丛书内容丰富全面，涵盖了岭南建筑各个方面，全方位反映从古代到当代、从传统民居到现代建筑、从功能建筑到文化教育建筑等岭南建筑的成果。丛书的出版将对岭南建筑艺术经典进行一次梳理和记录，有极大的文化积累价值；对我省的文化建设以及普及岭南建筑知识起到应有的促进作用。

中国工程院院士
华南理工大学建筑学院院长
华南理工大学建筑设计研究院院长
何镜堂

2011年8月

序

由中共梅州市委宣传部组织编纂的《客家民居》，是系统介绍梅州客家民居的首部丛书。编修者经过辛勤努力，数易其稿，终成此书，这是一件值得庆贺的喜事。

建筑是活化的历史和文化。客家民居建筑作为千年来客家人生活居住、繁衍生息的场所，沉淀着客家人的传统风俗习惯和文化艺术，蕴含着祖祖辈辈客家人的精神和理想，是客家物质文明与精神文明凝固的史诗。客家先贤背负中原文明辗转南迁，在艰苦卓绝的迁徙和开拓中，淬炼出源远流长、博大精深、光辉灿烂的客家文化。而客家民居文化正是其中一个重要的组成部分。

作为客家人最主要的集散中心和聚居地、客家文化的代表区域，梅州同时也是客家民居的大观园和博物馆。梅州有各式各样的客家围屋达两万余座，一般都有百年以上的历史，围龙屋、土楼、堂横屋、半月楼、四角楼、杠式楼、中西合璧式围楼星罗棋布，或方、或圆、或前方后圆，椭圆、四角、八角，巧夺天工，万妙无方。这些民居建筑既体现出对中原建筑文化的继承，又适应客家先辈在迁徙和发展过程中的需要，处处展现客家精神和人文历史，有着独特的文化个性。梅州的围龙屋被人们誉为“世界民居建筑奇葩”，与北京的四合院、广西的“杆栏式”、陕西的窑洞、云南的“一颗印”，被建筑学界称为中国民居建筑的五大特色。

著名社会学家、人类学家、民族学家费孝通先生曾说，乡土文化是中华文化的根。然而，随着时光的流逝，先贤留下的绚烂多姿的客家民居文化，已慢慢退出人们的视野，被时光所淡化，被岁月所尘封。一座座规模宏大、历史悠久的客家围屋正在老去、败落，出现了建筑工艺的断层，保护和传承客家民居文化的工作刻不容缓。

2010年，广东省委十届七次全会通过了《广东建设“文化强省”规划纲要》，给梅州客家文化的传承和发展带来了重大机遇。梅州加快了建设“文化强市”的步伐，发展文化经济、提升文化软实力成为转变经济发展方式、培育新的经济增长点的重要举措。在梅州文化强市建设热潮中，对客家文化的保护尤其是对以活态传承的非物质文化遗产实施整体性保护和传承发展，成为至关重要的一项工作。这次梅州市委宣传部在省委宣传部的大力支持下，组织编纂《客家民居》，就是为了使客家民居文化得到更好的保护与传承，让后人得以穿越时空的隧道，亲近优秀客家传统文化，成为我们前行的推动力量。

《客家民居》共八卷，即梅江卷、兴宁卷、梅县卷、平远卷、蕉岭卷、大埔卷、丰顺卷、五华卷。各卷由各县（市、区）宣传文化工作者编纂成书，华南理工大学出版社出版。《客家民居》大量采用了散文、游记等体裁的文章，以优美的文字、精美的图片，将客家民居的点点滴滴娓娓道来，观之赏心悦目。丛书各卷有着各自不同的鲜明个性，各有各的精彩——梅江卷集可读性、知识性、原创性于一体，体例严谨，文字精当，对各式客家民居的分类阐述准确到位；兴宁卷编纂者做了大量的田野调查工作，对兴宁境内的重点客家民居作了一次全景式的扫描；梅县卷暗藏客家民居在漫长岁月中的演进过程，展现了客家民居随着时空的变幻而不断嬗变的面貌……

数量庞大的客家民居建筑，如此光辉灿烂的民居文化，也给丛书的编纂者带来了抉择的难题。我们只能在数以万计的民居建筑中尽量选取最具代表性的实例进行介绍，以求管窥一豹。此书的编纂出版，凝聚着宣传文化工作者的汗水和心血，如能有助于人们对客家历史文化的追忆，有功于客家民居文化的研究和传承，启迪人们对文明进步和历史变迁的思索，则足以让我们感到欣慰。

是为序。

林碧红

（作者时任中共梅州市委常委、宣传部部长）

2011年8月

目录

概述

GAISHU

走进平远，随处可见风格独具、古朴典雅的堂横屋、围龙屋、锁头屋、杠式屋等客家民居建筑。

平远保留较好的客家民居有2300多座，其中以堂式屋、围龙屋居多。多采用中原汉族建筑工艺中最先进的抬梁式与穿斗式相结合的技艺，在丘陵地带或斜坡地段建造。

堂横屋占地几百平方米至上千平方米，建筑形制接近北方传统的“四合院”，主要结构有：两堂两横、两堂四横、三堂两横、三堂四横；普通围龙屋占地3000至5000平方米，其形制则在堂横屋的基础上加建围龙，主要结构有：两堂两横一围龙、两堂四横一围龙、三堂两横一围龙、三堂四横一围龙、三堂四横二围龙、三堂六横二围龙、三堂六横三围龙。

平远现存较有代表性的客家民居主要有小树庐、井下吴屋、丰泰堂、姚雨平旧居、姚德胜旧居等。

建于民国十九年（1930年）的小树庐，以典型的大门莲花托斗拱，还配有精美的梁构架、彩绘。兴建于清嘉庆九年（1804年）的井下吴屋，则拥有大量极为精美的木雕彩绘精

品，以厅堂上下、窗棂内外、梁柱东西、仪门左右木雕和横屏上的历史典故彩画，在省级文物保护单位中占有一席之地。建造于清嘉庆七年(1802年)的丰泰堂，则以其“梅州三大客家围”之一的地位，在平远民居中声名最著。

平远的客家民居年代多为明、清及中华民国时期的土木结构建筑。主体建筑前均有一个门坪和池塘，多数有一个门楼。屋内卧室、厨房、大小厅堂及水井、猪圈、鸡窝、厕所、仓库等生活设施一应俱全。

这些民居都设有天井、厅堂。尽管是深宅大院，但经天井采光，每个角落都很明亮。厅分上、中、下厅。据说上厅是老人百年归寿时的停放地；中厅为拜祖、议事的地方。上、中、下厅之间都用两扇屏风隔开，一般在举行婚礼时，打开下厅屏风；老人百年归寿时，打开两厅屏风。

这些民居布局严谨，中轴对称，前低后高，主次分明，坐落有序，布局规整。里面以厅堂、天井为中心设几十个或上百个生活单元，适合几十人、上百人甚至几百人同居一屋。

民居风貌

MINJU FENGMAO

围龙屋

小 树 庐

围龙屋在客家地区随处可见，但是宫殿式门楼的客家围屋却极为罕见。在平远县仁居镇城南村磜石下有座叫“小树庐”的客家围龙屋，它除具有典型的客家传统建筑风格外，另有一建筑特点就是正堂门楼为宫殿式设计，是集客家传统建筑与宫殿式于一体的一座客家民居，2008年被列为广东省文物保护单位。

小树庐建造于民国十九年（1930年），由曾任国民革命军陆军师长的乡人严应鱼回乡所建。占地面积2500平方米，靠北朝南，依山而建，两堂两横一围龙，共35间7厅4舍3井1花台。主屋外右建4间杂房，门坪外筑1.2米高照墙，左右伸手各建1房1厅与照墙相连，靠左建外门楼一座，屋前有梯形池塘，周围原建有围栏，屋前右侧建水井一口，整个设计紧凑玲珑。抬梁式和穿斗式混合梁构架，柱间、厅门设雕花屏风，起分隔空间和装饰作用。

建筑精美的小树庐

小树庐属砖瓦木质结构，均选用优质木材、石灰等材料，画栋雕梁，油门漆柱，门框、天井沿及各檐阶全用褐色花岗岩精心打造。大门楼为歇山顶式，莲花托斗拱，油漆彩绘加雕刻，具有宫廷建筑的风格。

小树庐文化内涵比较丰富，除雕刻和墙体绘有历史故事的彩画外，还有粤东著名画家韩实根书写的门联："小成就验学友；树楷模示子孙。"小门左右横额书写的是："诗书根底""孝友渊源"。前厅横屏上为严应鱼书写的80字治家格言："俭可养家，勤能补拙。唯俭与勤，持家要读。泛爱圣言，兼爱墨说。至理所同，儒墨何别？人贵有恒，教人前哲。容凡至颓，不常作辍。主敬存诚，此心仍彻。处事泰安，家庭团结。明知数义，保无倾诉。示我子孙，奉为圭臬。"

小树庐屋主严应鱼热心本县的文化事业。在其驻防平远期间，倡修平远县志。新中国成立后，小树庐被政府没收，解放初期曾是中共平远县委员会会址和县土改委员会会址，土改后分给几户无房住的贫农居住。

严应鱼像

宫殿式正堂门楼

大门上的雕刻

大门上的如意斗拱

左侧门楼上书写“山高水长”四字

井下吴屋

井下吴屋是平远县仁居镇井下村的一栋十分华美的围龙屋。建于清嘉庆九年（1804年），为乡人吴昆亭所建。井下村的村尾有一著名的“麻姑井”，长年水深如镜，一望透底，水质清甘，因村民居住在麻姑井的下端，故得名“井下”。2010年被列为广东省文物保护单位。

井下吴屋全景

中堂梁架上精美的雕刻

彩绘踏雪寻梅

彩绘花瓶

井下吴屋坐东北向西南，面阔43.3米，进深51.72米，占地2252平方米。主体为三堂三横一围龙的客家围龙屋，共64间11厅6舍，建筑面积达2300平方米。

井下吴屋拥有大量极为精美的木雕彩绘精品，厅堂上下、窗棂内外、梁柱东西、仪门左右，无处不是木雕的世界。横屏上都绘有“杖履春多”“写经换鹅”“踏雪寻梅”等历史典故彩画。天上地下，仙人凡夫，动物植物，无所不包，且雕刻绘画技法高超。

井下吴屋屋前只有门坪，没有常见的半月池，而是平坦耕地，前面有潺潺小溪流，不远处是老县城八景之一的“双桥虹驾”。围龙屋的花胎很神奇，形状呈扁扇形的台体，中间隆起，极像女人的腹部。它的表面都是用大小均匀的石块铺成，据说铺的石块越多，就预示着子孙后代越多。在花胎前面正中间更设有一个“五方龙神”，它由代表“金、木、水、火、土”五块特定的石块，按特定的顺序排列组成，其中代表“土”的四方形石块居中。

正门

地面铺满石条的横屋

丰 泰 堂

平远县东石镇凉庭村的丰泰堂，是一座典型的客家围龙屋建筑。丰泰堂里外三层，结构严谨，气势恢弘，是最具特色的客家围龙建筑之一。

丰泰堂为林姓祖屋，建造于清嘉庆七年（1802年）。据东石林氏族谱记载：三千多年前，商纣王暴虐无道，叔父比干屡次劝谏，反遭其害。商周易代后，周武王表彰比干，赐其子为林姓。战国时林姓分西河堂、济南堂二系，后来济南堂的一支在福建上杭落户，九世祖彦英公迁往东石，建造丰泰堂的为十六世特秀公。据族人介绍及族谱记载，特秀公之父逢源公早年在江西开伙店，为人老实忠厚，有一伙匪帮携金银住店，为官兵所剿，所遗财宝留在店中，逢源公由此得大笔意外财。逢源公予银两长子特秀在家造屋，并为次子德秀捐官，后德秀公在四川为官而在蜀中世代繁衍。特秀公乐善好施，为乡邑称颂，清嘉庆七年（1802年）建造丰泰堂。

丰泰堂全貌

丰泰堂承袭客家相传的建筑艺术，采用中原汉族建筑工艺中最先进的抬梁式与穿斗式相结合的技艺，选择斜坡地段建造围龙屋，占地近三四十亩，以南北子午线为中轴线，主大门进去有四个厅三个天井，左右横屋各有四厢，后有三条围龙与横屋合拢，大门前为一块禾坪，半月形的池塘，沿池塘外围是一圈旱地，其外形轮廓与屋的外围遥相呼应，形成一个巨大的椭圆形。

丰泰堂非常朴实，没有过多的雕龙画凤，且就地取材由土砖砌筑而成。占地面积广阔、中轴线上的主厅宽大而高。除主门外，另有八道大门在横屋之间朝南一字排开。值得称道的是，东西各有两横屋与主屋左右对峙而立，为猪舍、柴草房等杂房，体现了客家人爱清洁的特点。

丰泰堂的文化气息颇为浓厚。正大门对联为："平山标秀色，曲水绕祥光"。

丰泰堂外景

上堂神龛

中堂梁构架

丰泰堂俯视

祭祀

层层深入的大堂

刻着对联“平山标秀色，曲水绕祥光”的大门石柱

挑檐

节日里的丰泰堂

恩 世 居

恩世居位于平远县热柘镇热水村仙水塘，为旅居印尼华侨刘恩世所建，故名。建于民国初期，历经百年沧桑，仍保存完好。

该屋坐西北向东南，为两堂两横一围龙客家围建筑，面阔34.1米，进深30.07米，占地1662.04平方米。木梁构架，外墙三合土夯筑，内墙泥砖砌结，杉桁瓦面，三合土地底。门框、天井沿及各檐阶等皆用花岗岩石打造。屋前有一半月形池塘，门额阴刻楷书“恩世居”。

恩世居处处讲究：一是结构严谨，讲究对称，坐落在中轴线上。二是设计合理，坐北朝南，冬暖夏凉。从门坪起至前、后厅，直到后面的拱形围龙建筑，均地势逐高，既保证了空气流畅，又与藏风聚气的屋场相合。三是注重细节，精雕细刻。

恩世居的特色之一是里面有各种各样颇具个性的窗户：外窗皆为刻有一双喜图案的石

窗；内窗皆为木窗，刻有各种精致古朴的花鸟或人物，有喜上眉梢、花开富贵、吉祥如意、捷报频传，等等。

恩世居的特色之二为彩绘：主体墙裙全部皆为彩绘，有寓意“百福进门”的蝙蝠，有“花开富贵”等。南、北厅门原设雕花屏风，起分隔空间和装饰作用，横上有历史故事彩绘。最让我们觉得新奇的是，结构中式的围龙屋，居然彩绘有不少西式的图画，其中一幅画面上，白宫式建筑旁边竟然还有一辆汽车——可见屋主客居南洋的印记。

恩世居的特色之三为藏风水的设计：一是屋后“五方龙神”保存完好。“五方龙神”代表五行：金、木、水、火、土，俗称“五方石”。二是屋后花胎全部用鹅卵石铺就。最有意思的是花胎中间有一用较方卵石铺成的直径约一米的八卦，八卦中间还有一阴阳太极。民间传说太极八卦图意为神通广大，可以震慑邪恶。

远眺恩世居

中堂屏风上的彩绘

历史的印记

恩世居前景

镶嵌在花胎上的八卦图

花胎

继 述 堂

继述堂（通称东溪居）位于平远县大柘镇坝头东片村，由乡人刘培生所建。该民居始建于清朝末年，中华民国初年竣工，上堂有“继述堂”匾，所押时间为中华民国三年（1914年）。

该屋三堂六横一方围，建筑规模较大。左右外横屋为杂房。堂屋后面是方围结构，墙高2米多，遗憾的是房间未建筑完善，现仅留下完整的三合土墙。整屋面阔约68米，进深约46米，各堂门窗略有异同，下堂和中堂朱红色硬地底，上堂青砖铺地底，天井铺青砖，房间石花窗、屏风木花窗精雕细镂，用料讲究，内外墙体和天面保存完整。

继述堂全景

屋主题写的堂匾

屋内装饰精美的花窗

知府凌屋

知府凌屋位于平远县石正镇先锋村的知府村民小组9号，距村委会700米。据传旧时有一位知府避难到当地居住过一段时间，故名曰知府，详情已不可考。该屋始建于民国末年，距今70年左右，由乡人凌钦南建造。

知府凌屋坐西南向东北，外墙用三合土夯实垒筑，内墙泥砖砌筑，杉桁瓦面，三合土地底，屋前有一湖半月形池塘，池塘外筑有1.02米高的三合土围墙。整座屋属于三堂两横一围

知府凌屋全貌

龙的建筑结构，面阔35米，进深46.66米，占地面积2147.46平方米。门窗梁柱用料十分讲究，抬梁式和穿斗式混合梁构架，主体柱间和厅门原设有雕花屏风，门框和天井沿及各檐阶等都用花岗岩石条铺设；大门券棚顶及两侧梁架上，都有寿星、童子、麒麟、仙鹤等木雕，中堂屏风门楣上则有八仙过海、鲤跃龙门、龙凤呈祥等浮雕。

木梁下的龙枕

瓦檐下的木雕

外围的屋顶有如一条游龙

大门石柱两旁的木雕

外墙上的石窗

九斗坵儒林第

九斗坵儒林第位于平远县大柘镇超南村九斗坵，建于清代，为乡人钟乃凤所建。该屋坐东向西，面阔48.23米，进深49.72米，占地总面积3160.39平方米。主体为三堂三横一围龙，中堂为抬梁式和穿斗式混合梁构架，屋西南面建外门楼一座，门楼面阔4.2米，进深3.4米，屋前有半月形池塘，池塘外筑1.7米围墙，整体设计紧凑。正大门两侧设有一对麒麟，正上方书“儒林第”三字，梁构架以造型各异的龙形雕刻为主，柱间、厅门设屏风，起分隔空间和装饰作用。门框、天井沿及各檐阶等用花岗石打造。外墙三合土夯筑，内墙泥砖砌筑，杉桁瓦面，整座建筑保存基本完好。

钟乃凤，从小随父经商，因经营有方，被推举为潮州府盐史。光绪年间，黄河决堤，钟乃凤捐白银五十万两，光绪皇帝赐给他“圣旨” 匾额一方，并授七品衔，以彰其仁风义举。钟乃凤热心乡梓建设，曾出资兴办“凤善学校”，修筑九树陂、汉子陂等水利工程。

九斗坵儒林第全景

门楼

大门前廊由两根石条方柱支撑

梁架

中堂花窗

横屋外墙上的龙形石窗

装饰着图案的山墙

中堂梁构架

该屋保存的一对“郑”，是客家人婚嫁、祭祀用的珍贵民俗文物

正门梁架

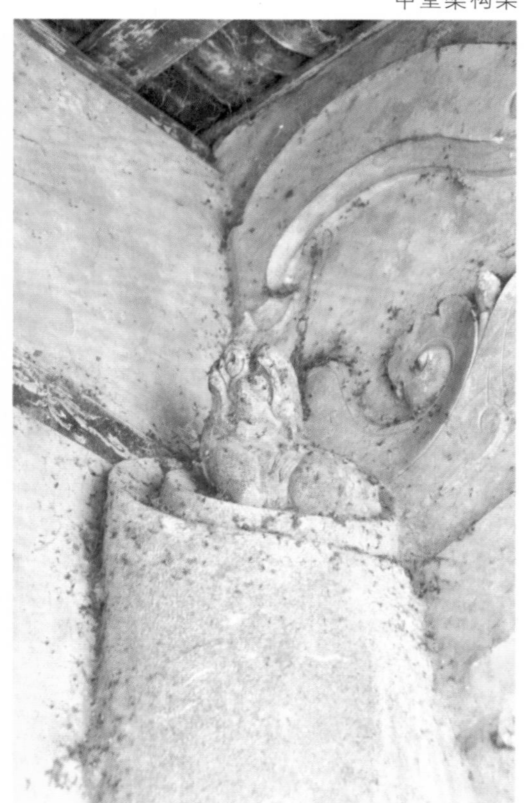
正门墙上的石狮

丰光姚屋

丰光姚屋又称厚和堂，位于平远县大柘镇丰光村大屋岌，始建于清嘉庆年间，为乡人姚及文所建。2006年重修。姚氏十七世祖及文公，号雨厅，官从九品，是丰盈岗大屋岌的开基祖。该屋坐西北向东南，为三堂四横一围龙的客家围建筑，面阔54米，进深47米，占地面积3760平方米，共有厅房89间，前有禾坪、月池、水井、杂物房和菜圃分布。屋前小溪流经，屋后绿树成荫，环境幽雅。围屋为砖、木、石和泥砖结构，外墙三合土夯筑，内墙泥砖砌筑，杉桁瓦面，抬梁式和穿斗式混合梁构架。门框、天井沿及各檐阶等用花岗石打造。大门檐券篷顶，下堂两侧厅用透雕屏风，梁柱亦有古朴华丽的彩绘和木雕。

丰光姚屋远景（2006年重修前）

丰光姚屋全貌（2006年重修后）

味真草庐

“味真草庐”看似一座普通的客家围龙屋，却是一处孕育父子县长的风水宝地。

相传清道光年间，梅县书坑乡人饶立清，常至平远东石、中行等地行医济世，后于中行墟开设药肆“广济堂”。其儿子碧堂，医术精湛，娶当地张姓女为妻，遂创基于中行。其孙辈菊逸，自幼聪颖，26岁中了秀才，受祖、父辈影响，对中医精益求精，尤其精研温病学

味真草庐全貌

说，尽得其奥妙，乃治温病高手。他主张：“医者首重德，次重才。德才兼备者方能成医，以期继其志而活民救世焉。”因是其祖宗三代均奉行救死扶伤至上之宗旨，对穷苦老百姓免费施药，药味纯真寄爱心，品性高雅而自守，故赢得乡人一片赞言，时人敬重有加——这或许正是屋主自署“味真草庐”的真谛！

饶菊逸，36岁时被聘为东石铁民高等小学堂教员，38岁为平远中学校长，后加入同盟会，参加辛亥革命广东北伐军，59岁时被推为平远县县长。其子信梅1926年毕业于国立东南大学（后更名为国立中央大学,今南京大学），后任江西省虔南县县长。

“味真草庐”位于平远县中行镇中行村马坪，该屋坐北（偏西20度）向南，是两堂两横一围龙的客家围建筑，面阔29.8米，进深34.6米。木质梁构架，三合土地底，间墙1.5米以上为泥砖砌筑，杉桁瓦面。大门框、天井沿及各檐阶均使用花岗石，主体正立面窗为麻条石万字窗。大门顶两端各置麒麟一尊，大门口两条圆形石柱，屋前东、西面各设门楼一座，西面门楼门额阳刻“味真草庐”（1997年重贴；大门门额上“创泰堂”三字亦为重修时重贴）。该屋祖堂神龛陈放的祖公神牌、堂号、香炉雕刻精美，均为珍贵的民俗文物，对客家民居建筑方面的研究具有一定价值。

正门石柱上楹联概括了该屋所处环境之优美：近水绕门蓝作带，远山当户翠开屏。秀丽的景致，良好的家风，孕育了其家系人才辈出，经久不衰，从政、从商、从教、从研者众多。其中有航空发动机专家饶展湘，父子县长饶菊逸与饶信梅等。在广东，两代县长的家族或许不胜枚举，但父子同时当县长，各领数百里的，却是凤毛麟角，而这一奇迹就出现在味真草庐。

味真草庐门楼

侧堂

大门梁架上的木雕

继志草庐

继志草庐位于平远县中行镇快湖村友谊村民小组（乡人皆称“鱼形角”），建于清末，为邑人张云孚所建。该屋坐北（偏西10度）向南，两堂两横一围龙建筑，面阔29. 18米，进深26.8米，占地1158.55平方米。该屋木质梁构架，主体西面设门楼一座，面阔6. 19米，进深3. 65米，一进柱间、厅门原设雕花屏风，起分隔空间和装饰作用。一进歇山顶、外墙三合土夯

继志草庐全貌

筑，其余屋砖砌筑，杉桁瓦面，三合土地底，屋前有一半月形池塘，大门券棚顶，门额阴刻楷书“继志草庐”。

继志草庐有两大特色：

一是名人题匾多：有饶菊逸县长民国二十五年（1936年）送云孚先生61岁寿辰、民国二十九年（1940年）送姚大夫人61岁大庆、民国三十二年（1943年）送陈大夫人61岁大寿匾额，民国十二年（1923年）丘耀青为张府林大君81岁寿辰所书匾额共四块。

二是屋前50米处，有一株千年桂花树，足足要四人方能合抱，每年八九月间，前来闻香赏花者络绎不绝。

简易的门楼遮掩不住草庐的内秀

悬挂于上堂的匾额蕴含着草庐主人的故事

继 述 第

继述第，雅称九富石老屋，当地俗称狗吠石老屋。坐落于平远县八尺镇南塘村石下，位于古时曾出过九个富翁而得地名的九富石半山间。屋基地势较高，屋后山势陡耸，远山近峦，林木密集，极显幽寂。

此屋始建于清朝中前期，由嘉庆年间曾任浙江省泰顺和永嘉县正堂（县正堂：知县的代称。清代知县是一县的主官，其正式办公处为县署大堂，因此称为正堂。）的韩英华所建。该屋坐西北向东南，三堂两横一反围龙结构，面阔35.45米，进深45.58米，占地1904.02平方米。主体木质梁、抬梁式构架，中堂采用梁代柱承重减柱方法。大门额挂阳刻楷书“继述第”牌匾，正门三级踏步，门坪东南各有门楼。主体部分青砖墙，其余为三合土墙和泥砖墙，杉桁瓦面，三合土地底，花岗岩条石铺砌天井沿和台阶，横屋则为石块地面。全屋9厅

继述第全貌

18井，各进设屏风，梁柱和门窗有穿花雕刻，墙面有彩绘。2007年，该屋后人对主体天面和中堂梁构架等进行了维修。

继述第屋后筑3米高的弧形围墙，门前池塘位置则建造围龙屋，故称之为反围龙构建。因此重要特征，该屋于2011年2月被梅州市政府授牌为：市级文物保护单位——梅州市客家古民居。

屋后山冈有一大石，雅称九富石，当地俗称狗吠石，石上刻有一副对联，镌刻于清嘉庆年间（1796—1820），楷书，阴刻，内容为“石名九富超乡邑；村俗千农尚孝忠”，落款：“嘉庆□□”（因字迹模糊，□为不可识别字），高0.9米，宽4.5米。每字14厘米×13厘米。

近景

继述第屋后山冈的石刻

正门顶上阳刻的屋名

中堂内景

木窗

柱础

木梁上雕刻的花纹

石正四角楼

四角楼位于平远县石正镇东台村四角楼村民小组。由乡人谢胜界建于清朝中期，距今二百多年。说它是四角，缘由是该屋东侧曾有一间当铺，是四角造型的防护阁楼，不过早已荡然无存了；称它是楼，是因为它是有楼房的围龙屋。

该屋坐北向南，面阔50米，进深42.5米，占地面积3571平方米。它属于三堂四横一围龙的建筑结构。主体左右对称，层层深入，步步升高，池塘完整且还砌筑有0.77米高的外围墙。

四角楼四周地带，自古就交通便利，屋后不远处就是粤东有名的南台山，门前紧邻S225粤赣省线。所以，因地缘的优势，解放战争时期，这里曾是共产党游击队活动的革命老区。

坐落在南台山下的四角楼

梁架上雕刻精美的麒麟龙首

围屋

天宝围

天宝围位于平远县石正镇正和村下黎村民小组，建于中华民国初期，是石正名人黎海如出资兴建的围龙屋。

黎海如（1886—1933），石正镇安仁村河陂头人。民国初，从保定军官学校毕业后，投身塞外，在新疆督军杨增新部下供职，被派至元湖任总指挥。后因才干出众，深受当地军民拥戴，至金树仁任新疆主席时，他因政绩卓著历任军务厅长、塔城都统（后为行政长官）、奇台城防司令、县长等职务。1932年任军长兼东疆警备司令。1933年5月在抗击甘肃马家军入侵新疆的保卫战役中失踪，年仅四十七岁。1955年我国成立新疆维吾尔自治区，首任自治区主席包尔汉在回忆录《新疆五十年》一书中，对黎海如在新疆的政绩给予了高度评价，认为他对建设新疆、保卫新疆和在民族团结工作方面有着不可磨灭的贡献。

天宝围为三堂两横一围龙结构，整座围屋坐西向东，面阔33.83米，进深27.4米，占地2063.15平方米。外墙用三合土夯筑，内墙采用泥砖砌筑，杉桁瓦面，以三合土铺地面。屋前有一半月形池塘，屋门石柱刻有一副黎海如所写对联“天道无私常辅德；宝田有训愿传家”，足见屋主秉性的刚直与儒将风采，大门券棚顶，穿斗式和抬梁式混合梁构架，主体柱间、厅门设有雕花屏风，门框、天井沿及各檐阶等都是用花岗石打造的。整座围屋宽敞大气，设计通风凉爽，采光极佳。可惜自黎海如失踪后，与家里没了联系，因资金无法接续，围屋的后半部分建筑只好中断（后由亲人们集资补建完成）。

天宝围全貌

雕刻有麒麟、花卉的大门拱棚木梁

刻有对联的大门石柱

下联“宝田有训愿传家”

上联“天道无私常辅德”

砻衣屋

在梅州，客家围龙屋随处可见，但是像平远超竹超南村梅墩“砻衣屋”这样的全围龙屋，还是鲜有所见。

“砻衣屋”建于清初，为钟氏六十二世平远三世祖润公，由超南九斗坵迁至鑑美村开居所建。其整体结构非常特别，如用来去稻壳的农具“砻”（形状似磨，多以木料制成），前后皆有围龙，两龙相连构成一个紧护“砻心”的砻外圈，外圈左侧有一小门为之“出谷

口”。中间三堂三横（其中左两横右一横），主屋为之“砻心”，砻心左右各还有一横屋。全屋占地约为5600平方米。

前围龙，中间有一大门，左右各有一小门，步入大门，沿着围龙是一条两米多宽的檐阶。紧接着就是一个半月形的“池塘”，池中绿色浮萍点点，边沿绿色植物点缀，煞是好看。想必除具有风水意义外，还有蓄水、防火、防旱、养鱼等作用。连着池塘就是一块禾

砻衣屋全景

坪。走过禾坪，就来到了大门口，可见此屋主体建筑左右不对称，左侧为两横，右侧为一横，而且左侧第一横明显比右侧第一横多出来几米，约为一个房间的位置。

“砻衣屋”的厅堂、上下廊厕、厢房、居室等整体布局错落有致，主次分明。从中厅旁巷子出主屋，就到侧边横屋，沿着往上斜的檐阶，再拾级而上一段几级的阶梯，来到屋后的围龙，发现花胎和围龙都建在陡坡上，约为50度。这或许是山势原因，又或许是从风水角度考虑，具体原因不可考。

此屋当年是显赫一方的大型建筑，据说花了近十年的时间才建成，距今有三百多年历史了。鼎盛时期居住着近百户人家，600多口人，目前还分为两个村民小组。

砻衣屋内景

古朴的横屋

横屋

梅畲刘氏祖屋

平远县泗水镇梅畲是著名的侨乡。

梅畲刘氏祖屋是开七公起算的第二十一世祖达奎公所建，已有两百多年历史。该屋依山而建，前低后高，三堂三横一围龙，左伸手为一横，右伸手为两横，共有房屋50多间，建筑面积约为2200平方米。

大门左右各立一根大理石门柱，门口所用大梁非常讲究，彩绘有吉祥如意、花开富贵等图案，大梁上方左右各雕有一形象生动的木制貔貅。据说貔貅是龙王的九太子，为辟邪与招财的祥兽。屋内的整体构造和用料非常讲究。外墙清一色的大理石格子窗户，内墙清一色的木头格子窗户。梁柱上有各种栩栩如生的雕刻，很多地方可见各种彩绘：龙凤呈祥、梅开五福、仙鹤延年、喜报频传、福禄进门、吉祥如意、健康长寿，等等。左右横屋最后一间都有两层楼。

依山而建的刘氏祖屋

长满苔藓的天井四周砌着花岗岩条石

中堂屏风上的彩绘

斑驳的墙壁

田心张屋

田心张屋位于平远县河头镇田心村大屋下，始建于明宣德年间，至明弘治年间建成，2002年重修。张屋坐西北向东南，进深40.15米，面阔37.43米，占地6566.45平方米。主体为四堂六横三围龙，共16井334间，为民师张庭琫所建，是规模宏大、浑然一体的客家围龙建筑。

田心张屋建筑奇特，每进一度盘线不一，四堂五线，堂屋左边稍宽，横屋在堂屋两侧对称，中间以长形天街与堂屋相隔，右横屋突出一间位置，左横屋则退一间位置。屋正面未设大门，第三围花台、龙厅位建一座坐东向西的四合院，院门为整屋上大门，东南面设下大门。该屋祖堂神龛陈放的祖公、祖婆神牌、铜镜盒、香炉雕刻精美，均为珍贵的民俗文物。

田心张屋

内景

横屋

岭下十厅九井

十厅九井位于平远县大柘镇岭下村光华村民小组，始建于清乾隆十九年（1754年）。该处姚姓祖屋有十个厅九个井，故名。面阔49.37米，进深51.27米，占地约3532.7平方米。该屋坐北朝南，主体三堂四横二围龙，屋前有月池，抬梁式和穿斗式混合梁构架，左右第二条横屋上天井各设水井一口，大门券棚顶，柱间、厅门设雕花屏风，起分隔空间和装饰作用。门框、天井沿及各檐阶等用花岗石打造。大门口两条方形石柱，一进天井沿周围六条方形石柱，中堂前端四条木质圆柱。外墙三合土夯筑，内墙泥砖砌筑，三合土地底，杉桁瓦面。

十厅九井外貌

石阶

中堂

上大夫第

上大夫第位于平远县大柘镇岭下村上大夫第村民小组。相传，此处姚姓开基祖因慈善爱心，捐款救助，得朝廷褒奖，敕封为大夫，故得名大夫第，始建于清乾隆年间。面阔43.8米，进深45.4米，占地面积2173平方米。该屋坐北朝南，主体三堂两横一围龙，东面外建杂房一栋，西面、东北面各设一门楼，大门禾坪前围墙高1.7米；大门券棚顶，柱间、厅门设雕花屏风，起分隔空间和装饰作用，抬梁式和穿斗式混合梁构架。门框、天井沿及各檐阶等用花岗石打造。大门口两条方形石柱，一进天井沿周围六条方形石柱，前端两条木质圆柱。外墙三合土夯筑，内墙泥砖砌筑，三合土地底，杉桁瓦面。

上大夫第全景

右侧门楼

左侧门楼

下田心姚氏祖屋

下田心姚氏祖屋位于平远县大柘镇墩背村田心村民小组，建于明永乐年间，1998年重修。祖屋坐北（偏东10度）向南，面阔36.4米，进深46.92米，占地3165.02平方米。三堂两横一围龙，抬梁式和穿斗式混合梁构架，杉桁瓦面，外墙三合土夯筑，内墙泥砖砌筑，屋前有月池，三进与围龙交接东北面外墙侧建水井一口，是典型的客家围龙建筑。

下田心姚氏祖屋全貌

围屋左侧的古井

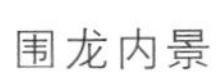

围龙内景

琼芳围

琼芳围位于平远县石正镇南台村长屋，始建于明代末年，为谢氏四世祖宗琼公所建，2006年重修。该屋坐东向西，进深33.69米，面阔36.9米，占地约2321.42平方米，主体为三堂四横一围龙。屋前有一半月形池塘，东面、东南面各建水井一口。外墙三合土夯筑，内墙泥砖砌筑，杉桁瓦面，三合土地底，木梁构架。

挂满红灯笼的上堂

坐落在南台山麓的琼芳围

丰田里五房张氏祖屋

丰田里五房张氏祖屋位于平远县中行镇中行村丰田里，民国三十一年（1942年）重修，是中行镇张氏五房祖屋。该屋坐西北向东南，面阔39.19米，进深17.12米，占地1371.58平方米。主体为两堂四横一围龙，抬梁式和穿斗式混合梁构架，泥砖墙，杉桁瓦面，是典型的客家围龙建筑。该屋一进原设屏风、围龙和东北面横屋已倒塌。丰田里张氏祖屋前左右各竖石楣杆一条，屋前东面石楣杆立于清咸丰八年（1858年），该楣杆高12米，共分为三段，第一段通身浮雕，黄龙缠绕自上而下。楣杆基部刻有“清咸丰八年戊午岁孟秋月旦例授贡元张清立，贡奉例授岁进士张献清立”字样。南面石楣杆楣杆部分已毁，只剩夹石刻有“大清光绪拾陆年庚寅岁冬月吉立，旨奉例授岁进士张玉□□”（因字迹模糊，□为不可识别字）字样。

丰田里五房张氏祖屋全貌

树立在屋前左侧的石楣杆

兵营子上屋

兵营子上屋位于平远县大柘镇岭下村兵营子村民小组，民国初，该祖屋曾作为驻兵之地，故名。建于清代，由姚氏二十三世祖寿山公所建，2007年重修。面阔51.5米，进深47.8米，占地3468.46平方米。该屋坐西向东，主体三堂四横一围龙，外墙三合土夯筑，内墙泥砖砌筑，三合土地底，杉桁瓦面，门前设月池一口，抬梁式和穿斗式混合梁构架，柱间、厅门设雕花屏风，门框、天井沿及各檐阶等用花岗岩条石打造。大门口两条方形石柱，一进天井沿周围两条圆形石柱，中堂采用无柱做法。

兵营子上屋全景

侧堂的木雕屏风

梁架上的木雕

上堂的神龛

上中下堂内景

兵营子下屋

兵营子下屋位于平远县大柘镇岭下村兵营子村民小组，民国初，该祖屋曾作为驻兵之地，故名，始建于清代，由姚氏二十三世祖寿山公所建，2007年重修。该屋坐西南向东北，面阔33.15米，进深45.99米，占地2008.56平方米。主体三堂二横一围龙，外墙三合土夯筑，内墙泥砖砌筑，三合土地底，杉桁瓦面，抬梁式和穿斗式混合梁构架。西南面外建杂房一栋，围龙“一”字形，花胎西北面设后门，当地人称枕头屋，门前设月池一口，柱间、厅门设雕花屏风，起分隔空间和装饰作用。门框、天井沿及各檐阶等用花岗石打造。大门口两条圆形石柱，一进天井沿周围两条方形石柱，中堂采用无柱做法，是典型的客家围龙建筑。

兵营子下屋全景

正门

花胎上的五方石

茶园下老屋

茶园下老屋位于平远县长田镇官仁村罗坑里茶园下，始建于明嘉靖年间，为钟氏十二世祖西林公所建，1999年其后裔对主体进行重修。该屋坐西北向东南，为三堂两横一围龙客家围建筑，主体面阔38.4米，进深25.03米，占地3571.38平方米。抬梁式和穿斗式混合梁构架，屋前月池椭圆形，泥砖砌结，杉桁瓦面，三合土地底，主堂二进原设雕花屏风。为了扩大厅堂空间，茶园下老屋充分运用了力学原理，在二进中厅采用梁代替柱承重减柱的做法。

茶园下老屋全貌

中堂雕刻精美图案的梁架

雕刻精美图案的梁架

神龛

内景

上新屋何屋

上新屋何屋位于平远县石正镇周畲村上新屋村民小组，建于清同治元年（1862年），为邑人何宏恕所建，2008年由族人斥资购买主体公用并重修。上新屋何屋坐西向东，面阔29.86米，进深30.98米，占地1033.39平方米。主体为两堂两横一围龙的客家围龙屋，左右对称，层层深入，步步升高，泥砖墙，杉木顶架，瓦块天面，三合土地底。抬梁式和穿斗式混合梁构架，一进歇山顶。

上堂内景

木梁架

上新何屋近景

石楣林屋

石楣林屋位于平远县东石镇汶水村石楣村民小组，建于清嘉庆年间，坐东南向西北。面阔30.6米，进深39.51米，占地1640.11平方米，是三堂两横一围龙的客家围建筑。抬梁式和穿斗式混合梁构架，门框、天井沿及各檐阶等用花岗石打造。三合土夯墙，杉桁瓦面，一、二进柱间和厅门设屏风，门前月池一口，月池外有0.9米高的三合土围墙，屋右建门楼一座，面阔3.53米，进深3.56米。

屋的西北面有一楣杆，竖于清咸丰七年（1857年），为圆形花岗岩楣杆，楣杆原分为四段，现残存一段，上刻“刘海戏蟾”浮雕。楣杆基座西面柱的东南面刻有“例贡生林云光立”，北面柱的东南面刻有“咸丰七年丁巳岁冬月吉立”字样。

石楣林屋

创 美 围

创美围位于平远县石正镇南台村岭背，建于清康熙二十三年（1684年），为乡人谢国英所建，2007年重修。该屋坐北朝南，进深39.08米，面阔50.72米，占地3686.73平方米。主体为三堂四横一围龙，屋前有一半月形池塘，池塘外筑1.6米围墙，东南面建水井一口，西南面建外门楼一座，是典型的客家围龙建筑。主体方柱、柱间及厅门原设雕花屏风，起分隔空间和装饰作用，抬梁式和穿斗式混合梁构架，外墙三合土夯筑，内墙泥砖砌筑，杉桁瓦面，三合土地底。主屋东面外横屋为"乐武馆"，供谢氏子孙习武健体；右侧门楼外建"文魁书院"一座，为谢家子孙及附近青年习文读书所用。据《谢氏族谱》记载：仅清代，该屋有进士1人（谢国英长孙谢南江，于清乾隆四十年，即1775年考取进士，封为"儒林郎"，官拜"钦德公"）；贡、庠生23人；监生17人；武吏6人。

创美围外貌

装饰朴素的梁架

残缺的水井

堂横屋

楼上肖氏祖屋

梅州有很多奇特的客家古民居，平远县八尺镇肥田村206国道旁，有座按“九厅十八井”风格建造的古民居——楼上肖氏祖屋，颇具特色，却鲜为人知。

楼上肖氏祖屋依山而建，坐东北向西南。主屋面阔68米，进深34米，占地2312平方米。格局为三堂四横屋，9厅18井，有房间60多间。祖屋两侧现仍可见1500多平方米的老屋痕迹。该屋左侧有一口400多平方米的半月形水塘，另有一口6米多深的水井，水质极佳，就是最旱的年份也未缺过水，现仍供居住在老屋及附近的群众饮用。右侧建有一座独立的门楼。该屋大门口有612平方米的大门坪（长68米，宽9米），门坪与门口水田、道路高距6米多，全部用石砌成。“楼上”建筑颇为讲究，中轴线上主厅高且宽大，屋内梁上多有雕龙画凤，多为青

依着小山丘而建的楼上肖屋

砖墙、梁构架或杉木顶架，正堂及四横屋均采用花岗岩条石砌成，整座大楼实际建于半山之中，高高在上，不是楼房似楼房，故而命名“楼上”。

“楼上”人文底蕴厚重，堪称“书香世家”“官宦世家”。据平远肖氏族谱记载，明末及清代，楼上人及其祖上有任知府（含知府）以上者5人，任知县（含知县）以上者10人，另有其他官员一大批。不仅为官者众多，且大都官声不错，正直无私，清廉勤政，爱民如子，深得百姓敬仰。

高挑的大门

比一般客家堂屋要高的木柱支起整屋的梁架

肖屋近景

中堂石柱

中堂梁架

正门梁架

上堂

南台大夫第

南台大夫第位于平远县石正镇南台村的长屋。屋侧不远处，就是粤东乃至岭南都闻名遐迩的南台山——天下第一卧佛山。山的主峰雄峙于石正镇内，海拔高度648米，由江西省寻乌县的武夷山余脉天子嶂延伸而来，数座石山突兀峭拔，如刀劈斧削，直插云空，峰群几乎覆盖了粤赣闽三省边陲。该山总面积近8平方公里，已于2007年7月被广东省政府批准为省级森林公园。

大夫第始建于清光绪二十九年（1903年），系谢氏二十世祖仿梅公所建。该屋坐北向南，属于两堂两横的普通型客家民居建筑，我们把它归属于堂横屋类型。该屋面阔29.67米，进深14.17米，占地1028.16平方米。此屋属木梁构架，杉桁瓦面和三合土地底，外墙三合土夯筑，内墙泥砖砌筑，门坪南面有水井，坪下有完好的半月形池塘等。堂屋主体柱间和厅堂，均设雕花彩屏，屏上有花鸟虫鱼与龙凤仙鹤等，至今仍然栩栩如生；门框和天井沿及至檐阶等处，都用花岗岩条石铺筑；大门券棚顶和两侧梁架上，有依然惟妙惟肖的麒麟木雕；上堂神龛楣上还有生动的历史故事彩绘。

南台大夫第外景

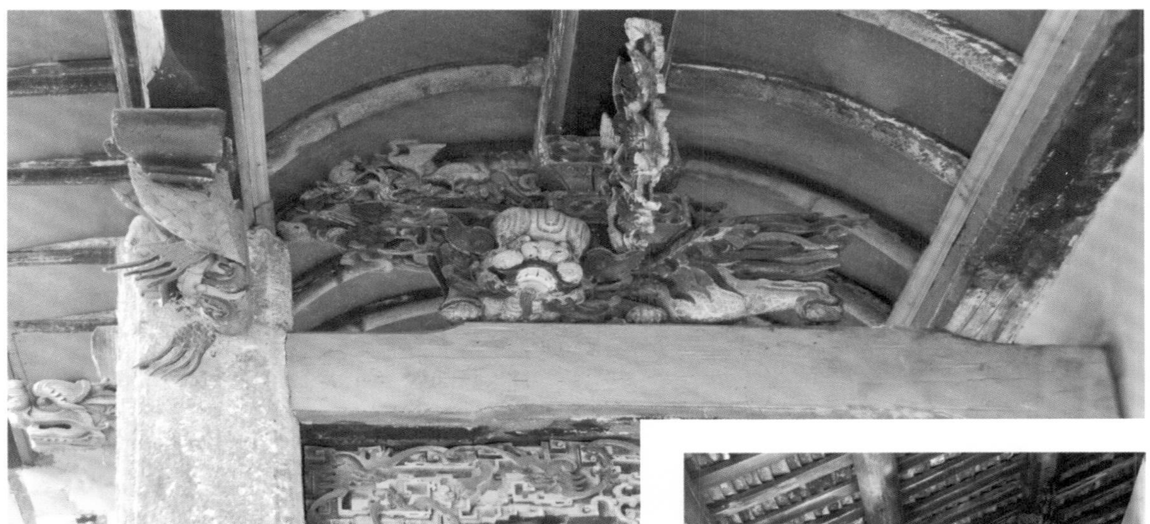

大门梁架上精美的麒麟木雕

内景

梁架

下堂精美的梁架

上堂屏风上的彩绘

车朋上上屋

车朋上上屋位于平远县八尺镇肥田村。

肥田村是八尺肖姓的开基地，开基祖叫宗一公，至今繁衍生息大约有650年之久了。该姓约700年前由福建省迁入，先安置于大柘镇打鼓墩一带，后宗一公才占卜开基于肥田村。其弟宗二公，则北上江西省会昌县站塘镇开居。所以，车朋上和楼上两处古屋及其后裔都姓肖，渊源来自福建。肖姓堂号有：广陵堂、河南堂、师俭堂。车朋上，古时因缺少水源，人们只得用木制水车来取水灌溉农田，由此得名车棚上，久之习惯称为“车朋上”，故而得地名和屋名。此屋由乡人肖长文约建于清代中前期，坐东北向西南，大门正对巍峨雄挺的海拔1030米的高峰——角山嶂。该山坐落于角坑村和八尺村，既是平远第三高山，又是粤赣两省的分界山岭。

车朋上上屋面阔36.22米，进深16.81米，占地999.18平方米，属于典型的两堂三横结构，且有牌楼式门楼和附屋的客家民居建筑。木质梁构架，泥砖墙，杉桁瓦面，琉璃瓦勾头出水，三合土地底，厅间青砖铺地底，井沿等处铺砌花岗岩条石。细观此屋，保存比较完整。

清代中期进士肖汉申（1769—1815），字绍嵩，又字天锦，号银槎，就是车朋上人。他于嘉庆六年（1801年）拔贡，后在朝廷任职，并于1805年以二甲第96名的成绩高中进士；1809—1814年，出任甘肃省古浪县县令，政声显著；任期满后，回家奔丧丁忧，之后再上京赴任，病逝于旅途中。

车朋上上屋门楼

简洁美观的前庭

正门石阶

造型精美的门楼

磜上叶屋

平远县热柘镇磜上村叶家祖屋是一座藏龙卧虎之民居。

《平远县志》记述热柘叶氏开基祖新吾公“朴诚好善，以德化乡邻”。磜上叶氏最早的祖屋为新吾公所建，有两百多年的历史了。如今的叶屋依山而筑，三屋连建，气势宏伟。分别为上屋、中心屋和外屋，三连屋总长约380米，宽15米左右，略成草体“之”字形。屋顶为步步高形状，均为砖木土石结构。其中心屋远观如“青牛饮水”之格局。

门前有一口大池塘，塘外则有大理石楣杆夹。石柱左右分别刻字，“嘉庆元年，岁进士叶太有立”“嘉庆十三年，岁进士叶凌云立”。《平远县志》记述嘉庆二十五年（1820年），“热水文昌阁，由叶太有等倡建”，有近两百年的历史了。叶凌云之传世诗作有《程处士故里》，现收录于程旼纪念馆。

上屋是磜上叶姓开基祖屋，该屋古朴亮堂，设计合理。有天井5方，房屋48间，建筑面积大约1500平方米。门口的大塘里，散着几朵莲叶，塘水清澈，荷叶田田。

连着上屋的是中心屋，明显要比上屋大而奢华。建筑面积约2100平方米，堂门原有进士

大池塘外的大理石楣杆夹

第匾。房屋并非是常见的横屋，而是向左右椭圆进去，原来因龙脉为牛型，所以设计建造时由祖祠堂开始，两边的房间，每外出一间则尺寸少一厘米而成两牛角张开状，为牛型之势。房屋98间，最右有个客家吊脚楼，最左为二层客家方围楼，叫“天师楼”，木雕精湛，已历经两百多年沧桑。如果您坐在大门处往外张望，则可见对面一泓清水，从约五百米处一人工小瀑布落下，缓缓而来，在塘外五十米处与一右边小溪相汇朝左拐而不见。亦可见蝙蝠山主峰顶一巨松直插云天。

步入外屋，里面共有天井8方，房屋98间，建筑面积约2200平方米，无论是建筑面积还是房屋设计都是三屋之冠。

外屋楼下即为几十米悬崖，下面有一株古榕，遥闻瀑布声响，原来古榕下有一瀑布，水流入下方葫芦潭，潭边怪石各异，其间有一石长十多米，神似蛤蟆。

叶屋人才辈出。自民国以来，有北师大毕业享受国家特殊津贴的叶耀文为代表的教授60多位；有毕业于中山大学的叶平将军为代表的军界人物、实业家等数十位。

两层吊脚楼

开放式的横屋

大门上有粤东地区（潮汕、梅州）叶氏宗祠的“南阳堂”

官塘唇李屋

官塘唇李屋位于平远县仁居镇仁居村西门街后面，由乡人李声曦等兄弟合建。其祖上由福建省上杭县迁入，堂号：陇西堂；门第：登龙第。

该民居建于清朝中前期，坐东北向西南，面阔20米，进深27米，占地528平方米，为三堂一横堂横屋。

它有别于其他客家围屋：长方形全围住，正面墙显微弯，下堂没有开门，而是当大客厅使用；正门则开设在下北厅处，而且还开在凹入处的踏步梯阶檐上，左右两侧为厨房和辅助性生活用房。木质梁构架，泥砖墙，杉桁瓦面，屋内柱间和厅门设雕花屏风，青砖地底，花岗岩条石井沿，圆形拱大门券棚顶，围龙位置有半圆形围墙，横屋位还有歇山顶大门。

造型奇特的官塘唇李屋

古朴而精美的门屏

方圆不一的层层道门

下村角龙屋

下村角龙屋坐落在平远县泗水镇文贵村下村角小河边，占地面积约300平方米，为两堂两横一门楼的堂横屋。门前立有两根石楣杆，一根被大水冲毁，另外一根保存完整。楣杆立于清道光二十年（1840年），为圆形花岗岩所造，高21米，第一段通身有以“刘海戏蟾”为题材的浮雕；楣杆西南面下方刻有“大清道光二十庚子岁贡生龙浚猷立”字样。据调查，文贵村原有三个石楣杆：一个立于文贵上村的平远蕉岭两县龙氏祖屋前，原楣杆已毁，现仅存楣杆底座；还有两个并立于下村角龙屋前。

在文贵村，长辈们经常教育孩子：“看见了么？那个高高竖起的就是石楣杆，是为了奖励勤奋读书、考取功名的人而立的。”

石楣杆

文贵村下角龙屋

合华老屋

合华老屋位于平远县中行镇中行村合华。相传，此地是狭窄的深山窝，早年到此开基的易姓先人将此地开垦过来，故称“合畲”（客家话“合”是“狭”的意思），旧时村中设有小学堂，名为“振华小学”，后人便将合畲谐音为“合华”。至今书面文字写“合华”，但当地人却称“合畲”。老屋建于清代，坐西向东，面阔24米，进深13.15米，占地656.6平方米。主体为两堂两横建筑，依山而建。木质梁构架，三合土夯墙，杉桁瓦面，整座建筑保存一般，是典型的客家民居建筑。

树立于屋前右侧的石楣杆

合华石楣杆共两条，左边原楣杆已毁，现仅存楣杆基座，左柱刻有：“明经进士县丞衔易梦贞 例授贡元焕标 同立”，右柱刻有“光绪三十四年戊申岁□月□日”（因字迹模糊，□为不可识别字）字样；右边楣杆竖于清咸丰七年（1857年），为圆形花岗岩楣杆，高12米，共分为四段，第一段通身有浮雕，黄龙由上而下缠绕楣杆。右面楣杆基部刻有“旨恩赐文林郎易壁光 赋员上乾”，夹石左柱刻有“奉”字。左面楣杆基部刻有“吉钦命例授恩进士易遇春立”，夹石左柱刻有“奉”，右柱刻有“咸丰七年丁巳岁季冬月”字样。

屋前左侧留存的石楣杆夹

合华老屋全貌

大坪里韩屋

大坪里韩屋位于平远县仁居镇南龙村中坪大坪里，建于清代。大坪里韩屋主体为两堂两横建筑，屋右建门楼一座，整屋依山而建，坐西北向东南，占地743平方米。土木结构，门框、天井沿及各檐阶等用花岗石打造，三合土夯墙，杉桁瓦面，整座建筑保存基本完好，是典型的客家民居建筑。南龙石楣杆位于大坪里韩屋左前方，立于清咸丰八年（1858年），为圆形花岗岩楣杆，高15米，第一段通身有浮雕，黄龙由上而下缠绕楣杆。基座右柱上刻有“大清咸丰八年戊午仲冬吉立”，左柱上刻有 “旨奉恩拔元韩忠立”字样。

门楼

树立在屋旁的石楣杆

设立在上堂古色古香的神龛

庭院

正南姚屋

正南姚屋位于平远县大柘镇岭下村正南村民小组，始建于清末。该屋坐西向东，面阔28.76米，进深22.84米，占地792.18平方米。该屋为三堂四横客家建筑，抬梁式和穿斗式混合梁构架，外墙为三合土夯筑，内墙泥砖砌筑，杉桁瓦面。屋东北面置水井一口，为增加空间，中堂采用无柱做法，柱间、厅门设雕花屏风，起分隔空间和装饰作用。花岗石门框、天井沿，三合土地底。东南面竖有榾杆一条，现已毁，只剩两条夹石，南面夹石西面刻有“癸卯科优廪贡元姚拱文立”，北面夹石西面刻有“光绪二十九年仲夏月吉旦”字样。

门楣上方的图像

添丁时挂在上堂的灯笼

正南姚屋外景

坳背易屋

坳背易屋位于平远县中行镇中行村坳背，始建于清代。主体为两堂两横建筑，整屋依山而建，坐南向北，面阔26.4米，进深14.5米，占地468.36平方米。穿斗式和抬梁式混合梁构架，三合土夯筑，杉桁瓦面，门框、天井沿及各檐阶等用花岗石打造，屋内屏风损毁严重。整座建筑保存基本完好，是典型的客家民居建筑。坳背易屋屋前竖石楣杆共3条，屋前右边为圆形花岗岩楣杆，竖于清咸丰四年（1854年），楣杆原分为四段，现残存一段，通身有浮雕，黄龙自上而下缠绕。楣杆基部正面刻有“钦授大□贡元加授侯□直分川易”（因字迹模糊，□为不可识别字），夹石右柱上刻有“咸丰四年甲寅岁季秋月吉立”，楣杆基部背面刻有“钦授邑庠生易见贰□□议权正九品易□云”字样。屋前中间和左边楣杆已毁，只剩夹石，两座楣杆夹石上刻同样内容，夹石右柱上刻有“道光拾三年癸巳岁吉立”，左柱上刻有“例授进士易绩纲”字样。

坳背易屋全景

易屋近景

残存的楣杆夹

树立在易屋前的石楣杆

梁架上的麒麟木雕

装饰精美的木梁

珍馥庐

珍馥庐位于平远县大柘镇岭下村红艺村民小组兵营子101号，始建于民国初年，为姚氏二十三世祖聘垣公所建。该屋坐西向东，面阔40.95米，进深25.77米，占地1359.84平方米。主体为三堂三横建筑，抬梁式和穿斗式混合梁构架，杉桁瓦面，外墙为三合土夯筑，内墙泥砖砌筑，屋前有月池，月池外置三合土围墙（高0.6米、宽0.27米），屋前东北面建水井一口，门楼一座（门楼面阔4.08米、进深3.44米）。

珍馥庐外景

西湖十厅九井

西湖十厅九井位于平远县石正镇西湖村十厅村民小组，始建于清乾隆年间，为黎氏十世祖亭凤公所建，2004年对主堂重修。该屋坐西北向东南，面阔51.2米，进深27.67米，占地2499.31平方米。主体为三堂四横客家民居建筑，屋前有一半月形池塘，东面置水井一口，三合土地底，墙面泥砖砌结，杉桁瓦面，抬梁式和穿斗式混合梁构架，花岗岩石檐阶。主体柱间、厅门设雕花屏风，起分隔空间和装饰作用。

房前的古井

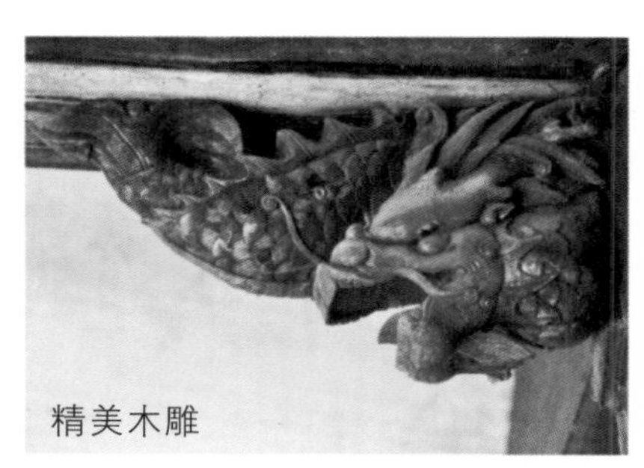

精美木雕

西湖十厅九井全貌

中西合璧式民居

芹　　庐

芹庐位于闽粤赣三省交界要冲的平远县仁居镇。这是一座鲜为人知的抗日战争时期民国"中央银行、交通银行、中国银行、农民银行"的流亡金库，是抗战时期平远曾作为广东省临时省会的见证。2010年被列为广东省文物保护单位。

芹庐建于民国三十三年（1944年），是由乡人黎子芹所建的民居。1945年1月至当年9月广东省政府播迁至平远时，被征用为中央、中国、交通、农民等四大银行的金库。

带有民国时期西洋风味的门窗

站立在三楼阳台上可欣赏仁居河两岸的美景

芦庐平面呈长方形，坐西北向东南，面阔17.1米，进深20.7米，占地面积约350平方米。共3厅13间，为中西合璧式三层小楼。屋顶及内部梁架采用中国传统结构式样，外观呈欧式风格。正面门呈拱券形，二、三层窗户及西北面一、三层窗户均为拱券形。内部上下层之间有木制楼梯连通，梯外侧有栏杆。金库西北面为仁居河，一至三层为大厅；东南面一层前端为金库保卫室，稍间为沙间，次间为金库木炭层。二层是金库，三层设房间。首层有两个大门可供出入，分别通往大厅和保卫室。金库墙体分内外三层，墙体厚度近0.7米，内一道为钢筋混凝土建造，中间夹沙，外一道则由实心砖土打造。铁门厚35厘米。第三层正面置露天阳台，西北面设阳台。背水而立、固若金汤的库房，使金库的戒备滴水不漏。

坚固精致的大楼戒备森严

金库是一座民国时期极为罕见的框架结构、带地下室的三层大楼。大楼虽历经多年风雨侵蚀，却未显得破败，用其坚固而精致的身躯默默地屹立于悠悠古镇东门河畔。

位于青云桥畔的银行金库旧址

大楼的整体结构基本没有变化，房间空间尺度保持着当年的格局，大楼内的部分楼梯、地板、扶手还保持着原样，而且仍可正常使用。夏末，天气依然酷热，只要走进金库旧址，一股凉意立即令人精神一振。最令人惊奇的是，金库地处河边潮湿之处，大楼内却干燥凉爽。

整幢大楼只有一个大门可供出入，为通风散热，楼体上开凿了30多个窗户。一、二层均没有阳台，只有第三层才有带屋檐的阳台平伸出来，供卫兵在高处瞭望警戒。同时楼层间还隐藏着多个在室外极难被发现的枪眼，只需数名守卫人员从里面往外射击就可以轻易封锁住金库唯一的进口。据了解，一楼主要为当时金融、保卫人员的办公场所，而当年保存黄金、现金及银元的金库则在第二层的库房及地下室之中。

当年金银满室固若金汤

二楼库房由一扇厚达20多厘米的沉重铁门把守，铁门上安装了两枚形状奇特、带有实心护盖的异形锁。其中一枚为罕见的“人”字形锁道，另一枚为哑铃状，一般锁匠及工厂根本无法复制仿造。据介绍，当年守卫人员要进入金库必须由两人同时开启两把怪锁后，才能进入其中。

走进金库，里面光线昏暗，钢筋混凝土的墙体厚度近1米，除了一扇厚重铁门外，库中没有任何一个窗户，只在墙上开凿了数个海碗大小的圆形通风孔。通风孔库内一端以儿臂粗细的精钢柱条隔挡，库外则以铁丝网封盖。库房的墙体由两道墙铸成，内一道为整块的砖石、钢筋、水泥建造，外一道则由实心砖土打造。

据介绍，当年四大银行将从广州辗转运来的金条、银元、美钞、港币等全部储藏于这两个金库，由重兵把守。荷枪实弹的卫兵、背水而立的位置、固若金汤的库房，金库戒备之严密真可谓是滴水不漏。

中华人民共和国时期，广东四大银行金库由中国人民银行平远支行接管。因业务需要，1950年在原址左侧扩建二层混凝土结构的综合办公楼。1979年，政府在金库大楼设立中国人民银行平远支行。1979年至2000年为中国农业银行平远支行仁居营业所。2001年至2002年开办仁居幼儿园。2002年8月，该楼由平远旅游局购得，供人们参观和追思。它对研究抗日战争时期广东金融的变迁发展等具有一定的价值。

金库库房

金库博物馆展厅一角

厚达20公分的金库铁门

金库上方起防盗、防潮、防火作用的沙间

素　庐

在平远县老县城仁居镇南门岗，有一座中西合璧的大宅院——素庐。素庐建于民国25年（1936年），由乡人温钟声所建。素庐占地约1200平方米，坐北朝南，主体建筑为两层回楼，共33房13厅12井。

素庐在建筑设计方面，除讲究永久坚固和西式结构外，还注重客家传统风格特色。内大门院脚利用地势建成西式混凝土晒楼，可作晒场、供游乐等用；晒楼前有水井一口；主体回楼大门、门廊券棚顶；外大门为圆石拱门；天井沿、门框、外窗框、楼梯、柱等均为花岗岩石打造；楼棚为杉木板，再铺上石灰、红糖、糯米粉等混合材料；内院原栽有桂花、茶花、白玉兰等花卉、树木；上厅两侧天井各有金鱼池一座。整座建筑宏伟宽敞、布局合理、阳光空气充足，是中西建筑文化相结合的遗产，2003年5月被列为县级文物保护单位。

素庐正面

素庐侧面

温钟声（1890—1951），字蒲香，平远县仁居镇仁居村人，是县内著名的乡绅富豪、慈善家、民国少将。他1908年赴广州参加新军，后考入广东陆军学堂，与陈济棠是同学，又升入南京陆军中学，毕业后曾任陈济棠部少将军务处长，此后又任广东禁烟局局长。期间，他曾大力资助广州“平远留学公所”及平远中小学校舍的建设。1936年陈济棠下野后，他退休居家建造素庐，同时也不忘桑梓，热心公益事业，凡建桥修路开办公共场所等，他都慷慨解囊。

门廊券棚顶

蕙　楼

蕙楼，又称“望道居”，位于平远县东石镇锡水村洋楼下，当地人称之为“洋楼”。蕙楼集中西风格建筑于一体，在当地客家民居建筑群中独树一帜，成为平远县境内一处不可多得且亟待保护的人文景观。门额上书写的是“慎敏第”，大门门联为：“延陵世第；渤海家声”。从门联可知，此楼屋主姓吴，郡望出延陵（即今江苏省常州市）渤海（即今江苏和浙江一带），为我国第九大姓。

蕙楼建于中华民国十三年（1924年），已有80多年的历史，由华侨吴惠根投资兴建。它有三大特色：其一是建筑宏大。整座建筑占地面积约3500平方米，分为门坪、正屋、果园三部分，其中正屋约占1500平方米。其二是开放式建筑。正屋呈正方形状，坐北朝南，结构为

蕙楼全貌

两层三横屋，16道宽约4米的走马廊厅将这些横屋紧密相连。整座楼有6个天井，大小廊厅有32间。传统客家围屋讲究“藏”中有“露”，而蕙楼却反其道而行之，以“露”为主，表现为朝外开的窗户多而大，天井空间也较大，因而屋内光线极好，在正常天气的白天里，任何一个廊厅都可用自然光线阅读书报。其三是中西合璧。据其族人介绍，建楼的图纸均由马来西亚带回。正面约42米长的两层廊道，架构为钢筋混凝土，在80年前称水泥为“洋灰”的时代，可见造楼之艰辛。在走廊砖柱处，由水泥灰涂抹成圆拱形。正面栏杆均为水泥造“花瓶”式，里屋栏杆为木制车栱，显得空灵而富有生气，欧式气息扑面而来。

门楼

蕙楼外景

走廊石柱

木栏杆

瓦顶与车桄花栏杆和谐于一体

自由形式

淼通围

淼通围坐落于平远县石正镇正和村，修建于1949年。设计者是屋主、当时本地有名的风水师黎淼通。这是一座从纯风水角度来建造的围龙屋。

淼通围如鹤立鸡群般建在水田中央，占地面积862.83平方米，面阔23.2米，进深13.31米，整屋坐西南向东北，属于两堂两横客家民居建筑。左右对称，层层深入，步步升高。整个屋形呈螃蟹状。四周有高1.6米的三合土砌筑围墙，屋正（东北）面围墙位设门楼一座，站在正门位置，左边围墙东、南向各设门楼一座，右边围墙正西、西北、西向各设门楼一座，门楼内置圆拱门，外呈书卷状，拱门内才是屋大门，也就是说可以进出的门有八扇，这是与

淼通围远景

左边围墙东、南向门楼

其他围屋迥然不同之处。书卷状圆拱门高只有1.49米、宽仅1.3米，所以要想进大门，就必得低头哈腰。据说屋主设计的这个拱门就是有“人要求我，必得低头”之意，至于是不是真的如此，我们不得而知。

淼通围的排水系统严谨、科学，圆拱门前左右两排对称的排水沟特别惹人注目，沟形呈包抄状，乍看有点像莲花瓣托着整个屋子，又很像巨蟹张开双螯拥抱着屋子。正屋的天井呈长方形，而侧屋的天井却是非常奇怪的“凸”字形。正屋进侧屋的门的角度也是不方正的，稍侧着面向天井。据说每当下雨天雨水溢满天井时，就会像触动到开关一样，所有的水从一个方向倏地进入排水系统，非常壮观地集流顺势而下，快速地经各渠道排出屋外。

黎淼通不但精通风水，而且乐善好施，善积教育，捐款修校，是位善心人。

正屋的天井呈长方形

圆拱门前左右两排对称的排水沟

低于寻常的书卷状圆拱门

名人故居

韩元勋故居

在武夷山脉西南端延伸的闽粤赣交汇点上，有一座海拔800米的文笔峰，山体形如屏风，屏北为江西，屏南为平远县八尺镇凤头村。文笔峰南麓有一小山冈，因酷似铸铁的圆形高炉而被称为“炉形”。明崇祯丁丑年（1637年）进士韩元勋的进士第坐落其中，村为“炉形”村，屋亦称“炉形”屋。

韩元勋故居全貌

据《平远县志》记载："崇祯十年（1637年），韩元勋中三甲第二百三十八名进士，为开县后第一位进士。"进士第正是韩元勋所建，建房时其父滨洲公尚健在，故后人尊称为"滨洲公祖堂"。

进士第是早期的客家民居建筑，风格古朴大方，依炉形山而建，坐东南向西北，主体为二进三开间的客家堂横屋建筑，整屋面阔12.76米，进深16.17米，占地533.76平方米，砖墙，杉桁瓦顶。房屋布局简单明了，如在方框里面工整地画一个"井"字。"井"字划分的九个小方块里，依次为前厅、后堂、左厅、右厅，中间是天井，四个房间分设于一进、二进的左右两端。

在这近似正方形的平面建筑里，均为抬梁式和穿斗式混合木梁构架，大门门框、天井沿及檐阶用花岗岩条石打造，显得古朴美观。大门两边各立一石狮，附花岗岩门当一对。石狮高约1米，雕刻手法古拙圆润，两眼似球，小耳朵，鼻子如饱满的三角锥体，口阔憨厚。左边为雄狮，龇牙侧立；右边为母狮，竖耳敛神，似乎在捕捉前方的微音。

大门口历经400多年风雨的石狮

图案简洁的木窗

大门顶梁架

进士韩元勋自幼天资聪颖，7岁就能与人应对，17岁考职为邑中秀才。少年游学于江南，交学士名流，访名师攻经史，27岁中举人，32岁中进士。南明弘光元年，晋阶光禄大夫，给一品服俸，出使琉球。隆武二年，任浙江道监察御使。他披肝沥胆、体察民情、惩腐肃贪，政声卓著。另旧《平远县志》云："韩元勋曾奉皇帝命册封（宗室）蕲阳王。"隆武皇帝败亡于清兵之手后，他回乡蜗居"炉形"故居，卒于43岁。

喜添新丁

拜祭祖先

元宵舞龙

姚德胜旧居

姚德胜旧居又名“资政第”，位于平远县大柘镇羊子甸河畔，1895年由他本人修建。主体为三堂四横的客家堂横屋建筑，屋内有15个厅，38个房间，占地3550平方米。主堂墙体多有彩绘，天井沿及檐阶通道等铺砌花岗岩条石。整屋建筑材料上乘，做工精细。

姚德胜（1859—1915），又名克明，字峻修，号德和，清咸丰十一年（1861年）出生于平远县大柘乡高甸村。近代著名爱国华侨实业家、慈善家、兴学育才倡导者，梅州八贤之一。姚德胜幼年家贫，19岁外出马来亚当锡矿工人，后转而开发锡矿，迅速成为华侨领袖。1904年，怡保火灾，建筑焚毁过半，他斥巨资新建街市，英皇授予他“和平爵士”称号。姚德胜关心祖国慈善、建设事业。清光绪年间黄河决口，他捐资赈济灾民，光绪帝封他为“资政大夫”。他捐巨资支持辛亥革命，孙中山为他颁发“一等嘉禾勋章”。1910年他回乡定居后，锐意建设家乡，投资创办纺织厂，开客家地区农村发展现代工业之先河。姚德胜不遗余力赞助家乡社会公益事业，在羊子甸创设芝兰小学，还为平远中学、梅县东山中学、蕉岭县立中学、大柘景清小学等学校捐资兴学。平远有一首五句板民谣歌颂他：“平远算来十五乡，乡乡唔当大柘乡，大柘有个姚德胜，声名飞过七洲洋。”

姚德胜旧居——资政第

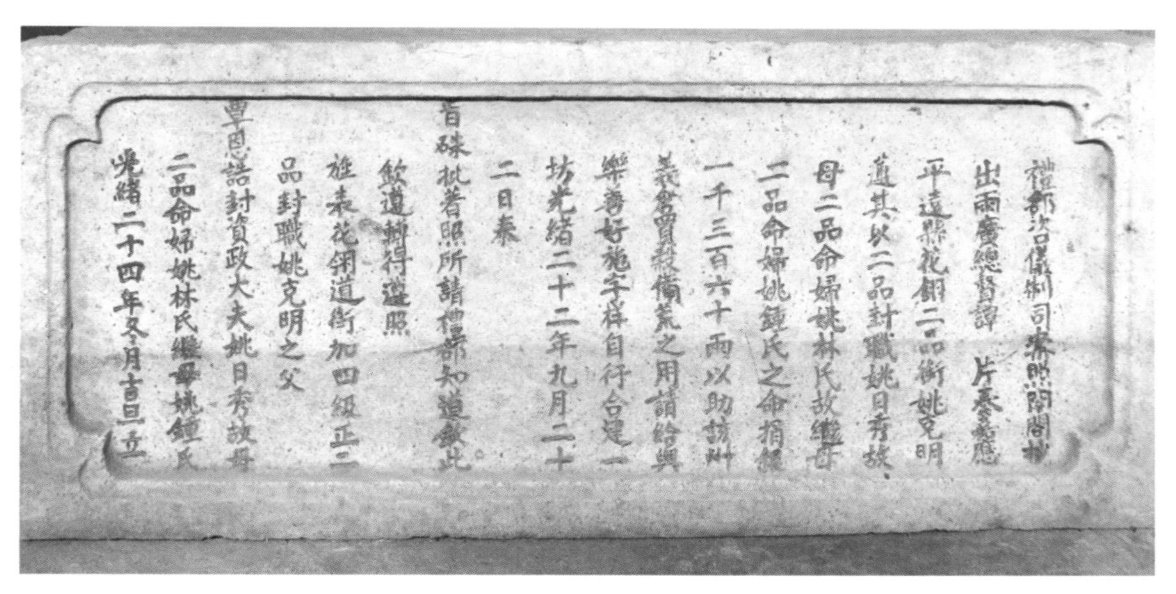

禮部咨儀制司案照閩浙
出兩廣總督譚 片奏稱
平遠縣花翎二品銜姚克明
遵其父二品封職姚日秀故
母二品命婦姚林氏故繼母
二品命婦姚鍾氏之命捐銀
一千三百六十兩以助該州
義倉買穀備荒之用請給與
樂善好施字様自行合建一
坊光緒二十二年九月二十
二日奉
旨硃批着照所請禮部知道欽此
欽遵轉得遵照
旌表花翎道銜加四級正二
品封職姚克明之父
皇恩誥封資政大夫姚日秀故母
二品命婦姚林氏繼母姚鍾氏
光緒二十四年冬月吉旦立

光绪二十四年诰封书

清朝光绪皇帝赐给的“乐善好施”牌匾

墙壁上的图案

梁架上的彩绘

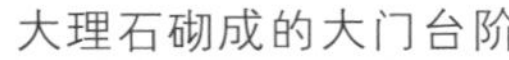
大理石砌成的大门台阶

雕刻精美的木构架

残存的中堂屏风

姚雨平旧居

姚雨平将军旧居位于平远县大柘镇丰光村，距206国道40米左右，于民国二年（1913年）由姚雨平将军创建。屋的左侧绿竹婆娑，门前农田和山坡岗峦渐次抬升，视野极为开阔。屋名“宝善居”三个朱红色大字，乃由民国元老级人物、大书法家和诗词家胡汉民题写。

“宝善居”坐北朝南，主体为三堂四横一围龙结构，面阔52米，进深32米，占地3634平方米，共有65房7厅4舍。门前有大池塘，右侧有水井。“宝善居”是一座客家围龙屋，但与大多数客家围屋不同的是，左右两边和屋后共有约5000平方米的草地。正大门系篷顶，门侧有雕刻精美的彩色雄狮一对，大门两侧与正堂天井四周，则有3米多高的花岗岩石柱。屋内大梁和门窗屏风有雕刻彩绘，门口墙面和正堂方墙上有水墨图案。

姚雨平（1882—1974），原名士云，字宇龙，号立人。早年参加同盟会，追随孙中山，1911年参与领导广州推翻清朝封建统治的“三·二九”起义（黄花岗起义）；辛亥革命时期担任广东北伐军总司令，后参加讨袁护法和讨伐陈炯明叛乱，还参加了第一次国共两党合作等系列政治活动。在推翻封建帝制和肇造中华民国历史过程中，功勋卓著，成为重要的辛亥革命元老，被授予陆军上将军衔。中华人民共和国成立后，他从香港返回广州，任广东省人民政府参事室主任，并多次当选省人大代表和省政协常委，还担任中国国民党革命委员会中央委员等职。

宝善居全景

宝善居正大门

木梁架

胡汉民先生题写的屋名——宝善居

花胎

黄梅兴旧居

平远东石镇大屋村街尾是黄梅兴将军故居，距平远县城12公里，是客家地区典型的“合面杠”构建，俗称锁头屋，为黄梅兴将军于中华民国十六年（1927年）所建。此屋坐西北向东南，面阔11米，进深17米，占地296平方米，泥砖墙，杉桁瓦面，花岗岩条石铺天井沿，三合土地底。整座建筑朴素大方，大门书有一联，联曰：仙马驾云飞，其名千秋不朽；葵花翻向日，此形万古流芳。

黄梅兴（1897—1937），字敬中，出生于贫苦家庭。1921年，赴广州考入宪兵学校，一年后投奔粤军第一师。1924年就读黄埔军校第一期，北伐战争中立功升任团长。1931年“九一八”事变之后，他率部配合蔡廷锴十九路军抗日，立功后升为少将旅长。1937年卢沟桥事变之后，率部开赴上海江湾一带驻防。“八一三”淞沪抗战打响，他亲临前线指挥部队，在闸北宝山路与八字桥等地顽强抗敌，不幸身中炸弹，壮烈殉国，时年41岁。他是淞沪抗战中第一个为国捐躯的国民党爱国将领，被国民政府追授为陆军中将。1938年3月，毛泽东在延安纪念孙中山逝世13周年及追悼抗日阵亡将士大会的演讲中，高度赞扬了黄梅兴和姚子青等抗日烈士“无不给全中国人以崇高伟大的模范”。

黄梅兴旧居

姚子青故居

姚子青将军故居俗称大墩背，位于平远县大柘镇大墩背自然村，始建于清康熙三十年（1691年）。此屋坐西北向东南，主体原为三堂四横二围龙的客家围龙屋，由于无人居住，围龙屋已倒塌，两边横屋也被改建。现主体为3堂5开间的建筑，面阔21米，进深32.8米，整座老屋占地约4380多平方米，为泥砖墙，杉桁瓦面，三合土地底，一进原设雕花屏风。屋前仍有月形池塘，东面有水井一口。姚子青壮烈殉国以后，其夫人为了纪念他，便用国民政府发放的抚恤金，在祖屋右侧外建了一所泥砖结构的上下堂小房子，有四厅六房一天井。

姚子青（1909—1937），名若振，号中琪。父亲姚苍士，母亲黄氏早逝。他于1926年考入黄埔军校第六期学习，在北伐战争中立功升为营长。1937年升任中校营长后，率部驻防汉口。1937年7月7日，抗日战争全面爆发，姚子青率部开赴宝山，部署兵力守卫吴淞口炮台湾。从1937年9月1日早晨开始，从吴淞口炮台湾登陆的日军，依仗50余艘军舰，20余架飞机，近30辆坦克，出动步兵5000多人，向姚子青营地发动猛攻。姚子青率部600人坚守孤城，浴血奋战，直到9月7日全部战死。消息传出，中外震惊！国民政府追授姚子青为陆军少将，南京市特铸一尊姚子青铜像，宝山县曾改名为子青县。

姚子青故居——大墩背老屋

吴三立旧居

吴三立旧居是一栋依山而建的上下堂民居建筑，建于民国三十三年（1944年），共6间4厅，质朴简陋。

吴三立（1897—1989），字辛旨，平远县上举镇畲脑村人，是中国当代八大书法家之一。吴三立生前执教于华南师范大学，是中国语言学会会员；曾任广东省语言文学会副会长、广东省文字改革委员会委员、中国书法家协会副主席，是著名的中国语言文字学家、书法家、教育家和诗人。

吴三立的故乡——山清水秀、人才辈出的平远县上举镇畲脑村

具有传统上下堂结构的吴三立旧居

曾养甫旧居

曾养甫旧居又名“近道居”，位于平远县东石镇双石村圩上44号，始建于清宣统元（1909年），民国十九年（1930年）重修。旧居坐西向东，由平房、楼房各一栋组成，面阔10米，进深17米，占地447.44平方米，共16间3厅5舍2天井，平房及楼房一层皆用三合土夯墙，楼房二层为泥砖墙，杉木棚瓦面，二层天井周围、北面置杉木阳台，阳台外侧设高1.2米木板护栏，是典型的客家杠式屋建筑。

曾养甫（1898—1969），原名宪浩，平远县东石镇人，1923年于北洋大学毕业后赴美国留学。回国后，历任国民政府浙江省、广东省建设厅厅长，广州市市长、铁道部次长、交通部部长等要职，政绩显著。1932年曾养甫任浙江省政府建设厅厅长期间，主持修筑浙赣铁

曾养甫旧居外景

曾养甫旧居内景

路，与粤汉铁路相衔接，横贯浙、赣、湘三省，使之成为长江以南一大动脉、东西方向的主要干线，在抗战时期贡献殊巨。在建设钱塘江大桥时，曾养甫力排众议采用了茅以升的工程方案，并全力促成大桥建设。1938年后，曾养甫任滇缅铁路督办公署督办、交通部部长兼军事工程委员会主任委员，督办修筑滇缅国际公路，为中国远征军开赴缅甸出击日寇提供了极大便利。学者称其为“中国土木水利（交通）建设之父”“孙中山建国方略实践第一人”。

正门上方镶刻近道居

余俊贤故居

余俊贤故居位于平远县大柘镇程北村竹园下，建于清代。它坐西北向东南，面阔19.55米，进深26.8米，占地3411平方米，为三堂四横二围龙的客家围龙屋。主体三进五开间，抬梁式和穿透式混合梁构架，为了扩大厅堂空间，在二进中堂采用梁代替柱承重减柱的做法。

屋前东北、西南两面各设一门楼，东面置水井一口，屋前有月池一口，泥砖墙，杉桁瓦面，三合土地底，是典型的客家围龙屋建筑。

余俊贤（1902—1994），平远县大柘镇人。中山大学毕业，初任国民党中央组织部干

余俊贤故居全景

事，后参与海外党务作业。曾任国民党南洋荷属（即印尼）总支部委员、中央党部组织部总干事、广东省党部主任委员、中央执行委员、侨务委员会教育处长等职。他毕生致力于华侨文化教育事业，曾设立南洋研究所、华侨教育总会、华侨通讯社、华侨教育师资训练所、华侨师范学校等。1949年赴台，任台湾“监察委员”，1973年当选“监察院长”，并任国民党中央评议委员会主席团主席，1987年受聘为“总统府资政”，后任世界客属联谊会会长。

中堂

左边门楼旁的水井井沿已磨去了一个缺口

谢升庸故居

谢升庸故居始建于明代末年，坐西北向东南，面阔33米，进深28米，占地1204平方米。主体为两堂两横一围龙建筑，共40房5厅2舍，屋前南面竖楣杆1座。抬梁式和穿斗式混合梁构架，一进及厅门原设雕花屏风，门框、天井沿及各檐阶等用花岗岩条石打造。大门顶悬挂“进士”匾额，三合土夯墙，杉桁瓦面，整座建筑保存基本完好，是典型的客家围屋建筑。

谢升庸，字畴裕，康熙年间生于平远县差干镇湖洋村鼓楼岗农民家庭，清雍正十年（1732年）考取举人，清乾隆十年（1745年）考取进士。中进士后，谢升庸任江苏金坛县令。金坛县权贵势力猖獗，吞食百姓钱粮，贪污国家税收。谢升庸清廉正直，不畏权势，四方豪强为之震慑，不到一年谢升庸便收清了该地三年所欠的国税几千两银。谢升庸在金坛县广施仁政，秉公选拔人才，所选人士俱为贤能。离任后，任惠州府教授，日与诸生员讲学，教人先培养度量见识，后教之学问，士林仰之为“泰山北斗”。

乾隆二十年（1755年），谢升庸母亲八十一寿辰，大学士、首席军机大臣于敏中亲笔题词“潜德光昭”置匾送给升庸，以示祝贺，此匾额至今还悬挂在谢升庸故居上堂神龛上方。

谢升庸故居

大门顶进士匾

“潜德光昭”匾

上堂

吴康故居

吴康故居位于平远县东石镇锡水村圳背，始建于清代。故居为二进三开间，坐北向南，面阔15.7米，进深16.8米，占地354.55平方米，共12间4厅1天井。故居大门券棚顶，花岗石檐阶，三合土地底，一、二进南北厅门原设屏风，泥砖墙，杉木顶架，瓦块天面，是典型的客家堂横屋建筑。故居整体保存较好，对研究客家民居建筑及吴康博士生平具有很高的价值。

吴康（1895—1976），字敬轩，号任书，平远县东石镇洋背村人，著名哲学家、教育家。1918年在北京大学读书时，与傅斯年、俞平伯、罗家伦、顾颉刚、康白情等创办《新潮》杂志社。1925年在法国从事文学史及康德哲学的研究，获得巴黎大学文学博士学位。1931年起，吴康历任中山大学文学院教授、文学院院长兼研究院文学研究所所长等职。1949年到香港，1951年赴台湾任教，先后担任过台湾大学哲学系教授、台湾师范大学教授、政治大学文学院院长。他学贯中西，著述甚丰，出版的主要专著和论文有《比较文学》《周易大纲》《西洋哲学史》《苏格拉底哲学思想》等。

吴康故居

古民居的保护与利用

GUMINJU DE BAOHU YU LIYONG

历史是垂青平远这块土地的。由于历史悠久，文化底蕴深厚，历史遗留在这里的文化名迹相当丰富：在这块1381平方公里的土地上，留下了许多风格多样、个性独特、古色古香的客家民居建筑。

这是一个具有浓郁风情的客家民居"大世界"。走进"大世界"，这些特色鲜明、古朴典雅、美轮美奂，极具历史文化价值和独特观赏价值的客家民居，宛如一座座客家古民居建筑博物馆，让人目不暇接；走进"大世界"，我们不无欣喜地看到，这些民居建筑年代各有不同，别具一格，它们是建筑学、美学、风水学的有机结合，是客家先民聪明智慧的体现，也反映了客家历史的渊源、传承和广博而深厚的文脉；它们像一座座纪念碑，向世人展现了客家民居的风采神韵、丰富内涵及其独特的魅力，同时也见证了客家人在平远奋斗、发展的漫长历程和不屈不挠建设家园的精神风貌。

在编纂本书的过程中，我们也忧虑地发现，客家民居的保护与开发存在着不少亟待解决的问题。当地客家民居的现状并不乐观：古民居、古建筑破坏严重，由于受"文化大革命"的影响，大部分客家民居里的彩绘、雕刻、图案等或砍或涂或毁，神牌、神像、神龛被砸碎，遭受到了不可复原的惨重破坏；此外，由于群众对客家民居缺乏甚至没有保护意识，传统的民居大多或被用于堆放杂物、圈养禽畜，或毁弃于风雨，任其自生自灭；一些古民居的内部结构已被严重破坏或者被大面积改建，或被装饰得花花绿绿，或被翻新成红墙绿瓦、金碧辉煌，对古建筑造成了很大的破坏，历史的遗痕几乎消失殆尽。因为年久失修，保护得不

够完整，多数客家古民居残破不堪，有些地方已经失去了原貌，如再不采取抢救性修整，若干年后，这些极有特色的客家民居就有可能将不复存在，情况令人担忧。另一方面，客家民居保护与城镇建设的矛盾十分突出。近年来，随着地方社会经济的快速发展，以及旧城改造、新农村建设的稳步推进，大量的小康住宅、新民居兴起，这就使古民居、古建筑的保护处于尴尬境地。同时，客家民居保护经费投入严重不足，常年的保护经费至今未列入县年度财政预算，保护工作难以顺利开展。

对此，当地群众和不少有识之士呼吁：抢救、保护客家民居刻不容缓！

如何保护好我们祖辈遗留下来的这些弥足珍贵的历史文化资源？散珠碎玉般散落在平远大地各个角落的古民居等文化遗产，我们如何采取更有效的措施加以重视、保护、管理，值得吾辈深思。客家民居的保护与利用，既不能纯粹为保护而保护，不讲经济效益；也不能保护只为利用，利用只为赚钱，这样便会导致群众的不支持，若要“捆绑上市”，只能导致客家民居的进一步损毁；更不能因噎废食，不能因为在客家民居利用中出现了一些问题，就否定对客家民居的利用。因此，对客家民居的保护与利用，只有切实遵循文物工作方针和原则，才能长期有效地保护利用客家民居，从而引导全社会自觉参与到客家民居的保护工作中来。

客家民居的保护与开发任重而道远。